ÉTUDE

SUR LA

CHAMPAGNE AGRICOLE

ÉTUDE

SUR LA

CHAMPAGNE AGRICOLE

ET SUR

L'AMÉLIORATION DU SOL CHAMPENOIS

PAR

E. BABLOT-MAITRE

AGRICULTEUR A JONCHERY SUR-SUIPPE (MARNE), MEMBRE DE L'ACADÉMIE NATIONALE DE PARIS

La vie que l'agriculture offre à nos yeux est moins brillante que le faste et le tracas des villes, mais elle est infiniment plus simple, plus heureuse, plus utile.

CHALONS-SUR-MARNE

T. MARTIN, IMPRIMEUR-LIBRAIRE, PLACE DU MARCHÉ-AU-BLÉ, 54

1866

AUX LECTEURS.

L'Agriculture, cette mère nourrice de tous les peuples, est, sans contredit, le premier et le plus noble de tous les arts. Son origine remonte au premier homme ; son goût est de tous les temps, de tous les âges, de tous les pays, de tous les peuples, de tous les états depuis la houlette jusqu'au sceptre. Sans l'Agriculture, on ne peut rien ; car étant la base de tous les autres arts, c'est par les matières et les secours qu'elle procure que l'on vient à bout de toutes choses, et elle ne fait que se distribuer à notre gré de mille manières différentes. Animaux, végétaux, minéraux, tout vient du sol.

Tout le monde s'y est appliqué ; les uns l'ont étudiée avec attention et mise en pratique, les autres, pleins d'affection pour leurs successeurs, nous ont transmis par leurs écrits ce qu'ils avaient appris de leurs pères (1).

Notre siècle a vu de plus innover les concours agricoles, où chaque année nous admirons de belles exhibitions des produits de l'intelligence et du travail.

(1) Un de mes aïeux recevait en 1811 une médaille d'argent de l'Académie de Châlons-sur-Marne pour importation d'abeilles dans nos contrées ; un autre, en 1824, obtenait du Comice de Châlons-sur-Marne une médaille d'argent pour culture et éducation d'abeilles.

Exposer ses produits et publier le résultat de ses expériences, c'est, ce me semble, contribuer au progrès et à l'amélioration générale; aussi, cédant aux vives instances de personnes dont le dévouement à la cause agricole est sans borne, je me suis décidé à écrire cette modeste étude d'une contrée susceptible de bien des améliorations, non point pour exposer des principes théoriques souvent vains et absurdes, mais le résultat d'essais suivis, raisonnés et couronnés d'un plein succès.

Je n'ai point la prétention de faire un cours d'agriculture, car l'homme des champs ne naît point homme de lettres, et la plume est plus difficile à manier que l'araire; je me suis donc attaché principalement à être simple, concis, de manière à être compris de tous; quant au reste, je compte sur l'indulgence et la bienveillance de mes lecteurs.

Les nombreuses félicitations et les hautes récompenses (1) dont mes innovations ont été l'objet sont pour moi, non-seulement des encouragements précieux, mais encore des appuis, des soutiens pour marcher avec assurance dans le vaste champ de l'agriculture. Puissent les

---

(1) Grande médaille d'argent du Comice agricole de Châlons-sur-Marne, pour extension et propagation des racines fourragères.

Grande médaille d'argent du Comice agricole de Châlons-sur-Marne, pour irrigations.

1er prix, médaille d'argent du comice agricole de Châlons-sur-Marne, pour produits agricoles, racines alimentaires et légumineuses.

Médaille d'honneur en or, 1re classe, de l'Académie nationale de Paris, pour travaux agricoles, notamment : irrigations.

Rappel de médaille d'honneur, 1re classe, de l'Académie nationale de Paris, pour cultures fourragères.

lecteurs tirer parti de ces quelques lignes, et dans mon humble sphère, je m'estimerai heureux d'avoir apporté ma pierre au grand édifice agricole, et d'avoir contribué à la solution de l'un des plus importants problèmes d'économie agricole et sociale.

E. B.-M.

ÉTUDE

SUR LA

CHAMPAGNE AGRICOLE

LA CHAMPAGNE.

De temps immémorial, la Champagne a toujours été l'objet de sarcasmes plus ou moins violents, quant à son sol, et d'épithètes plus ou moins injurieuses à l'adresse de ses habitants. Qui ne connaît, en effet, le proverbe traditionnel et de mauvaise plaisanterie : « *Quatre-vingt-dix-neuf moutons et un Champenois font cent bêtes* (1) ! » Je dois même ajouter que les plus tristes tableaux peignant ce pays avec les couleurs les plus sombres ne datent point seulement des temps reculés, car il y a à peine quelques années, lors de la création du Camp de Châlons, on lisait dans un rapport

(1) Dans le numéro de janvier 1865 du *Journal des travaux de l'Académie nationale,* reproduisant ce travail historico-agricole sur la Champagne, M Aimart-Bression, directeur et secrétaire-général perpétuel de cette société savante, explique ainsi l'origine de ce dicton blessant, qui prouve, ajoute-t-il, le contraire de ce qu'il dit :

« Napoléon, dit l'éminent géographe M. Malte-Brun, demandait un jour l'explication de certain proverbe outrageant pour les Champenois, dicton populaire, sans doute inventé par l'envie et propagé par l'ignorance. « Sire, lui répondit son interlocuteur, un droit fut établi jadis sur les » troupeaux de *cent moutons* qui entraient en ville ; le paysan n'en amenait

des agents des domaines, destiné à être placé sous les yeux des jurys chargés de régler les indemnités des terrains expropriés, cette définition du sol champenois... *Plaines dénudées, parsemées de bois rabougris, de quelques sapins étiolés, et dont les habitants sont réduits à économiser sur leur nourriture et sur celle de leur chétif bétail pour ensemencer leur terre* (1).

Il est vrai que jadis l'historique de la Champagne a été quelquefois fait par des écrivains qui ne l'avaient jamais vue, partant jamais appréciée, et, ainsi transmise de génération en génération, la stérilité de la Champagne est devenue proverbiale.

Et n'arrive-t-il pas souvent de rencontrer, surtout en traversant la Champagne en chemin de fer, de rencontrer, dis-je, des personnes convaincues de l'infécondité de ce sol misérable? Et souvent aussi il est difficile, si ce n'est impossible, de les désillusionner à ce sujet, et j'ai remarqué moi-même que presque toutes les conversations roulaient sur l'ingratitude de ces terres.

Exagérations! erreurs! calomnies que je vais essayer de combattre le plus brièvement possible. — Puissent ces quelques lignes, sinon porter quelque lumière dans l'esprit de certaines gens, du moins

---

» plus que *quatre-vingt-dix-neuf* à la fois. L'inventeur de la mesure, » puissant seigneur du temps, dépité de ne pas voir rendre à l'impôt » nouveau ce qu'il en attendait, se fit percepteur, attendit les contribuables » au passage, et, ne trouvant rien de mieux qu'une méchante plaisanterie » pour satisfaire à la fois sa cupidité et le texte de la loi, désigna chaque » berger aux hommes d'armes qui l'accompagnaient, en disant : — Faites » payer : *quatre-vingt-dix-neuf moutons et un Champenois font cent bêtes.*»

« Le plus brutal, sans contredit, dirons-nous avec M. Malte-Brun, c'était le seigneur; mais le plus spirituel? N'était-ce pas le pauvre berger qui avait trouvé cet ingénieux moyen d'éluder ces exigences! L'histoire est vieille et bien connue, mais il ne faut cesser de la raconter que quand le proverbe oublié cessera de propager la calomnie. »

(1) Ce document, il est vrai de l'ajouter, a été retiré avant toute décision juridique; mais il n'en a pas moins été distribué aux jurés de la première commune expropriée.

vous mettre en meilleure grâce près des personnes à qui, questionné sur votre pays, vous répondez : *Je suis Champenois.*

Relevons donc ensemble, lecteurs, ces fausses assertions, ces jugements erronés et téméraires, au point de vue historique et agricole de cette ancienne province.

La Champagne, si célèbre dans nos fastes militaires, doit son nom à ses vastes plaines, qui, comme un immense champ, ont été le théâtre de bien des guerres, le témoin de bien des batailles à jamais mémorables, et le rendez-vous des invasions dirigées contre la France. Quel terrain plus favorable, en effet, pour le développement de nombreuses armées ?

De grands plateaux, embrassant quantité de terrains considérables, étaient autrefois couverts de communes qui faisaient de la Champagne une des meilleures provinces de la France.

Un ancien historien (1), chevalier et seigneur de Tilloy, dans un ouvrage sur la Champagne, s'exprimait ainsi à propos de ses limites : « Elle confine au couchant à la Brie, qui est presque *son égale en fertilité.* » Bon nombre de ces villages ont été détruits sous François Ier ; mais c'est surtout lors de la dernière invasion des Anglais qu'ils ont complètement disparu. Dans cet ancien comté, on en comptait *trois cents,* qui n'ont pu se relever à la suite de ces désastres ; de là ces grandes *plaines* éloignées des habitations, mais non *stériles,* comme nous le verrons plus loin. Des preuves incontestables rappellent encore le souvenir de ces destructions ; le plus souvent, le nom du village plus ou moins conservé est resté à la contrée où il a existé. Une autre preuve, c'est la présence dans ces différents endroits d'instruments ayant servi à diverses industries, ou d'ustensiles de cuisine, ou même encore de débris de constructions. Il n'est guère d'années qui ne donnent jour à quelques découvertes analogues, sans compter des armes antiques, des sarcophages, enfin tous objets ou vestiges rappelant l'existence de nombreux villages.

---

(1) L. Godet.

Toutes ces ruines, toutes ces misères que la Champagne a endurées pendant ces guerres désastreuses en ont fait, pendant quelques années, un pays peu heureux ; mais, bientôt, les villages qui avaient échappé au massacre se relevèrent, et les habitants, naturellement très-laborieux, retrouvèrent leur activité, leur amour du travail, et, peu à peu, l'agriculture répara ses pertes.

Des milliers d'hectares, qui devinrent la possession des communes, furent cultivés ; mais après une certaine période, les engrais n'étant plus en rapport avec la quantité de terrains, leur rendement diminua. C'est alors que plus tard on fut obligé de les laisser reposer pendant un temps plus ou moins long ; de là l'origine de la jachère. Voici quel fut leur mode de culture : après le défrichement, on semait un seigle ; en seconde année, une avoine, et, de temps en temps, on faisait suivre d'un sainfoin qui, presque toujours, rémunérait des frais de culture par la qualité de sa graine.

C'est dans ces conditions que le *camp de Châlons* survint de nos jours.

Antérieurement à sa création, voyons donc un peu, par quelques détails indispensables, quelle était la valeur intrinsèque de ce sol si injustement qualifié de *stérile*.

Les terres comprises dans le périmètre du camp sont divisées en cinq classes :

La première, c'est-à-dire celle bordant la rivière, soumise à la culture intensive, jamais de repos et souvent plusieurs récoltes en un an : rapport annuel net, 300 fr.

La seconde, soumise à la culture triennale, c'est-à-dire deux récoltes en trois ans, suivies d'une année de jachère, 200 fr. (1).

---

(1) C'est au milieu de ces terres qu'est établie la Ferme impériale de Jonchery-sur-Suippe, qui comprend encore plusieurs hectares de prés irrigués. On le voit, le sol est loin d'être *ingrat* et *stérile*, ainsi qu'on le publie lorsque l'on parle de ces Fermes.

Quoi que l'on en ait dit, et que l'on en dise, le Camp de Châlons n'est point assis sur un banc de craie frappé d'*infertilité* naturelle ; car ce banc, signalé par les géologues, se trouve situé dans les parties sud et sud-ouest de l'arrondissement de Châlons.

La troisième, même culture, mais moins fumée à cause de son éloignement, 100 fr.

Ne nous occupons donc que des quatrième et cinquième classes, ou non fumées, qui sont situées à 5, 6, et 7 kilomètres des villages. Généralement le sol de ces terres est de meilleure nature, et la couche végétale plus profonde que les autres classes, qui n'en diffèrent que par l'engrais, et je dirai même qu'avec la même quantité de fumier on obtiendrait plus sur ces quatrième et cinquième classes. Je dois ajouter que ces terrains étaient encore nos meilleurs, en ce sens que, coûtant peu à cultiver, ils rapportaient toujours plus ou moins, sans que jamais *on leur rendit d'engrais*. Conséquemment, si, près des villages, les terres sont de bonne qualité, évidemment c'est qu'elles ont été fumées avec l'engrais résultant du produit des terres sur lesquelles on n'en conduisait jamais.

Voici quel était le rapport de ces *terrains ingrats*, pris sur une période de vingt ans. Nous avons dit plus haut qu'on demandait à ces terres deux récoltes en six ans, seigle, avoine, suivis de quatre années de jachères. L'expérience a prouvé que quatre années de jachères suffisaient pour rendre au sol sa fertilité, et pendant ce temps les moutons y trouvaient un pâturage assuré.

La récolte de six douzaines à l'hectare ne s'étant vue que deux fois en vingt ans, et celle de 40 douzaines à l'hectare six fois, on peut, sans exagération, dire que la moyenne était de 25 douzaines à l'hectare. Ces 300 gerbes, quelle que fût la température, donnaient toujours :

7 hectolitres de grains à 12 francs =	84 fr.
Et 1,000 kilogr. de paille à 40 francs =	40 fr.
Total.........	124 fr.

FRAIS.

Labours et ensemencement..............	24 fr.
Semence, 2 hectolitres à 12 francs........	24 »
Fauchage et moissonnage..............	15 »
Battage..............................	5 »
Total.........	68 fr.

RAPPORT.

Avoine, 15 hectolitres à l'hectare, 7 fr. =	105 fr.
Paille, 800 kilog — 0 40c =	32
Total.	137 fr.

FRAIS.

Labours et ensemencement.	18 fr.
Semence, 3 hectolitres à 7 francs.	21 »
Fauchage et moissonnage.	12 »
Battage.	5 »
Total.	56 fr.

FRAIS.

Seigle.	68 fr.
Avoine.	56 »
Total.	124 fr.

RÉCAPITULATION.

Bénéfice du seigle.	124 fr.
Bénéfice de l'avoine.	137 »
Total.	261 fr.
Déduction des frais.	124 »
RESTE NET.	137 fr.

Ces 137 fr. en six ans donnent, par an, 23 fr. d'intérêt, ou la production annuelle d'un hectare, et une valeur en capital de 460 fr. Il faut encore ajouter le produit des milliers de moutons qui vivent pendant sept mois de l'année sur ce sol. En évaluant leur nourriture à 0-06 cent. par jour, on arrive à trouver encore un revenu annuel de 12 fr. par mouton, ce qui donne un revenu total de 35 fr. par an et par hectare.

Qui ne connaît l'empressement à rechercher les moutons champenois ?

Il ne faudrait jamais avoir vu les foires de Champagne, notamment celles de Suippes, qui réunissent chaque année plus de *cent mille* moutons.

Les agneaux, que l'on n'élève plus assez, sont surtout achetés par les marchands de la Brie et des environs de Paris ; leur cours varie de 50 à 62 fr., à 8 et 10 mois.

Pourquoi cette préférence ?

Pour deux raisons. D'abord, les moutons élevés sur ce sol, qui semble aride, sont des plus *sains;* ensuite, pâturant de mars en novembre, et quelquefois plus tard, leur nature est des plus rustiques, et résiste aux intempéries comme à la mauvaise nourriture. Le mouton champenois, qui se contente de peu l'hiver, se plaît et engraisse dans tous les pays. Elevé sur un terrain sec, jamais de cachexie, de pourriture, de piétin ; enfin, toutes les maladies causées par l'humidité d'un pays y sont inconnues. Il trouve sur ces terrains, paraissant maigres au premier abord, quantité de plantes très-nutritives, beaucoup de thym et de serpolet, dont la race ovine est très-friande et qui donne un certain arôme à sa viande.

Un autre motif encore, qui fait de la Champagne un meilleur pays qu'on ne se le figure généralement et qui s'améliore de jour en jour par l'activité de ses habitants, c'est que la Champagne est apte à tout produire. Toutes les céréales : froment, seigle, orge, avoine, sarrasin, jarosse, dravière, lentille, foin artificiel y viennent toujours plus ou moins bien. Parmi les racines, les carottes, betteraves, choux de toute nature y poussent vigoureusement.

Il est facile de concevoir que, semant une aussi grande variété de plantes, la Champagne *ne manque jamais.* Ajoutez à cela les frais de culture qui sont peu de chose comparés à d'autres pays meilleurs. Jamais sujette aux inondations, très-rarement aux grêles et aux mauvais orages, conséquemment moissons presque toujours assurées. Car, que voyons-nous dans les sols privilégiés pour leur qualité ? Les moissons y manquent parfois, et les frais de culture, toujours très-élevés, sont toujours les mêmes, lorsque la récolte est manquée comme quand elle est abondante ; les inondations, grêles et orages, suivant les grandes vallées, y promènent trop souvent leurs ravages.

Le sol champenois étant léger, un seul cheval attelé à une

charrue suffit pour le cultiver entièrement, tandis que, dans ce que l'on appelle vulgairement le bon pays, c'est l'entretien de ces kyrielles de chevaux, de bœufs et d'attelages sans fin qui ruinent les fermiers lorsque la moisson ne vient pas. Je connais plus d'un Champenois qui ne voudrait jamais quitter son pays pour un meilleur.

Si vous voulez le permettre, lecteurs, nous allons résumer ensemble une dernière question. Qu'est-ce qu'un pays stérile? Naturellement c'est un pays qui ne produit rien.

Mettons donc en parallèle de ces tristes épithètes, que le doux caractère champenois sait supporter patiemment et braver courageusement, les chétifs produits de cette vieille province.

Transportons-nous sur les grands marchés parisiens. Nous y rencontrons d'abord les *seigles* et les *avoines* de Champagne, qui sont très-recherchés et exportés à l'étranger; les *laines* y sont-elles moins estimées, moins préférées? Reims, la célèbre capitale par excellence de l'industrie champenoise, au commerce colossal, fabrique annuellement, pour des sommes fabuleuses que les Anglais envient (1), les plus beaux mérinos et ces hautes nouveautés de toutes couleurs, et ces draperies de la plus grande finesse. N'oublions pas les *moutons* de Champagne. Sceaux et Poissy ne sont-ils point là, attestant par des preuves vivantes l'importance de la race ovine champenoise? Autre preuve incontestable : les concours régionaux, Chaumont, Troyes, Strasbourg, Châlons, et le concours universel de Paris ne témoignent-ils point aussi en faveur du mouton champenois? *Tous les premiers prix* de ces divers concours n'appartiennent-ils point au département de la *Marne*, qui partout exhibe ses plus beaux types de la race ovine? Dans un ordre tout différent, je dois citer la recherche des *escargots* de Troyes, cette vieille capitale de l'antique province de Champagne. Il est impossible d'oublier les fameux crus de vins blanc et rouge, et surtout le *Champagne mousseux* si connu et goûté dans toutes

(1) Les Anglais ont établi à Reims une des plus fortes fabriques.

les parties du globe, car, je le dis en terminant, il est l'unique produit de la terre aussi répandu dans tout l'univers et admis à toutes les cours. Je laisse encore, sans en parler, les richesses minérales dont l'énumération m'entraînerait trop loin J'ai seulement voulu prouver à mes lecteurs que la Champagne n'était point *stérile,* mais partiellement épuisée et susceptible d'amélioration, car, avec de l'eau et du fumier, elle n'aurait rien à envier aux contrées les plus privilégiées.

C'est l'étude de ce moyen qui fera l'objet des chapitres suivants.

LA FÉCONDATION ARTIFICIELLE DE M. HOOIBRENCK.

Avant d'aborder la question des engrais, je ne crois point inopportun d'entretenir nos lecteurs du procédé de fécondation artificielle de M. Hooïbrenck.

Il n'est personne qui n'ait entendu parler de M. Hooïbrenck, ou du moins de ses procédés de fécondation artificielle des fleurs, des arbres fruitiers, et surtout des céréales.

Tout le monde sait aujourd'hui la manière d'opérer de M. Hooïbrenck : elle consiste à promener sur les épis des céréales, lors de leur floraison, une brosse formée de franges de laine légèrement enduites de miel. Cette brosse est fixée par ses extrémités à une corde tenue par deux hommes qui, en marchant, répandent artificiellement le pollen. Modeste cultivateur, toujours en quête d'une idée, d'une application nouvelle, je ne viens point contester cette innovation, dont on s'enthousiasme peut-être un peu trop. Je comprends que ces expériences aient un haut intérêt, et je reconnais qu'elles sont remarquables au point de vue de la physiologie végétale ; mais, en ce qui regarde la pratique agricole, j'en crois l'efficacité fort douteuse. Ayant étudié ce procédé avec soin, je dis : qu'il est difficile de compter sur le surcroît de rendement continu, évalué, d'après les rapports des diverses commissions, à 30 p. 100. Si j'admets ce bénéfice de 30 p. 100, il m'est impossible d'en tirer cette conséquence, que *le procédé de M. Hooïbrenck est une source inépuisable de richesses pour notre agriculture.*

En effet, si l'on féconde artificiellement le froment, par exemple, c'est-à-dire, que l'on répande le pollen dans un plus grand nombre d'étamines; ou, mieux encore, si l'on rend chaque fleur d'un même épi capable de porter un bon grain, on force ainsi, ce me semble, la plante à demander à la terre une somme de principes nutritifs plus considérable que lorsqu'une partie des fleurs restent non fécondées. Tout ira donc pour le mieux, tant que la terre sera assez riche en principes fertilisants; mais n'est-ce point amener, dans un temps plus ou moins long, l'épuisement complet du sol? On peut sans crainte conclure de ce qui précède : que ceux qui emploiront le procédé de fécondation artificielle, sans doubler leur fumure, arriveront peu à peu à ruiner entièrement leur terre (1).

Cette conclusion s'applique surtout à notre pauvre Champagne, où l'engrais fait généralement défaut.

Une grande plaie de l'industrie agricole, en France, c'est ce manque d'engrais.

Or, je le demande? Ne vaut-il point mieux, avant tout, chercher à produire le plus d'engrais possible, par l'augmentation, la création des prairies naturelles, à l'aide des irrigations, par le drainage, la culture des racines, etc., afin d'augmenter la force productive du sol; puis, ensuite, demander à ce sol ce que comportent sa force et sa nature?

Mille causes diverses peuvent varier, modifier à l'infini le ren-

---

(1) De l'aveu d'arboriculteurs consultés à ce sujet, il en est exactement de même de l'emploi de ce procédé sur les arbres fruitiers, qui périssent beaucoup plus vite. Du reste, c'est ce qui arrive toujours lorsque la nature est forcée, soit dans le règne animal, soit dans le règne végétal.

dement en grains dans les diverses parties d'un même champ. Je crois donc que, lorsque le cultivateur n'est point en mesure de doubler ses fumures, il lui faut laisser le soin de la fécondation à la nature, qui s'en charge elle-même chaque année, lorsque les brises printanières viennent, en agitant nos céréales, en les inclinant en tous sens, les rapprocher et les unir.

Je ne puis donc, en terminant, que m'associer pleinement à l'avis d'un agronome, M. L. Hervé.

« Mieux vaut, dit-il, compter sur la Providence; quoi qu'on fasse, c'est elle qui tient toujours le bout de la corde lorsqu'il s'agit de la vie de l'homme; et c'est toujours du Père qui est aux cieux que l'homme doit attendre son pain quotidien. »

QUEL EST LE MEILLEUR ENGRAIS ?

L'une des principales questions d'économie agricole, je pourrais dire la première de toutes les questions, c'est la théorie des engrais. Depuis bien longtemps à l'étude, nul ne peut nier le progrès qu'elle fait chaque jour, et un avenir peu éloigné nous apprendra qu'elle n'a point encore dit son *dernier mot* (1).

Un mot m'arrête : j'ai prononcé le mot de *théorie,* et je n'en connais point.... N'importe, j'ai pour moi la pratique, et certes il me semble que, loin de contester l'une, on peut sans crainte

---

(1) Un habile chimiste, M. G. Ville, expérimente depuis plusieurs années, sur le domaine impérial de Vincennes, un système appelé à rendre de très-grands services à l'agriculture, système consistant à obtenir indéfiniment sur le même sol les mêmes produits au moyen de diverses combinaisons chimiques.

raisonner sur l'autre. Habitant une contrée susceptible d'améliorations (la Champagne), j'ai consacré une partie de mon temps et de mes veilles à rechercher, en général, quel était le meilleur engrais. Assurément ce n'était point celui qui faisait produire le plus, car ceux qui l'employaient ont été forcés de l'abandonner, sinon d'arriver à une ruine certaine, mais bien celui dont le *prix de revient* permettait au moins un boni au compte de l'actif. Est-ce donc dans le commerce qu'il faut rechercher une solution favorable, soit dans les engrais naturels, soit dans les engrais artificiels ? Hélas ! non ; les premiers coûtent trop cher, et quant aux seconds, j'en ai été tant de fois dupe que j'ai été obligé d'y renoncer, attendu non-seulement que je n'obtenais rien, si ce n'est un excédant du *passif sur l'actif:* le plus souvent le grain ne levait même point. Je ne veux point les énumérer ici, car la liste en serait trop longue. J'admets qu'actuellement il en existe dont les effets fécondants, consacrés par des rapports officiels, soient incontestables, mais encore leur prix de revient est-il trop élevé ! tel est l'*engrais Boutin.*

Je le proclame donc hautement : le meilleur engrais *c'est le fumier de ferme.* Ce que l'on ne sait point assez, ou du moins ce que l'on cherche trop peu, c'est le moyen d'augmenter sa quantité tout en lui conservant sa qualité.

C'est ce grand problème d'économie agricole et sociale que je viens signaler à l'attention de mes lecteurs, persuadé qu'ils mettront ces moyens en pratique, procédés qui consistent dans la création de prairies naturelles irriguées et dans la culture des racines fourragères.

On le voit, ces procédés sont simples, à la portée des lecteurs ruraux, et si certaines circonstances de position ne permettent point de créer l'un, tous assurément peuvent employer l'autre.

Parmi les racines fourragères, je citerai, dans les espèces les

(1) Nous avons importé dans nos contrées la culture de la carotte, il y a vingt ans. Depuis cette époque, toutes nos graines de racines proviennent de chez MM. Simon-Louis frères, de Metz.

plus rustiques, la carotte blanche à collet vert des Vosges, qui fait merveille dans nos sols calcaires de Champagne, et dont le poids dépasse souvent 3 kilog.

Semaille, seconde quinzaine d'avril.

Fumure, 80 mètres cubes à l'hectare.

Récolte, 35 à 40,000 kil. à l'hectare.

La carotte contient plus de matières nutritives et plus de parties butyreuses que les autres racines ; aussi, tous les animaux la leur préfèrent-ils. Aux vaches, elle fait donner un beurre d'une couleur jaune très-estimé et recherché à un prix élevé; aux brebis mères, beaucoup de lait, qui fait augmenter rapidement leurs agneaux. Cuite, elle engraisse les porcs en quelques semaines. Dans nos pays, on engraisse également les lapins, car cette racine donne une viande des plus succulentes, et lorsque l'on veut y joindre un fumet délicieux, on ajoute à cette nourriture, deux jours avant de les tuer, des bouquets de persil ou de thym qui ont pour effet de communiquer leur arome même à la viande.

En somme, les avantages généraux que procure la culture des racines fourragères sont ceux-ci : 1° de produire quantité et qualité d'engrais à bon marché; 2° de maintenir le bétail en parfait état sous les rapports hygiénique et autres, car les animaux qui mangent des racines sont toujours exempts des maladies causées par la richesse du sang.

En thèse générale, à moins de circonstances exceptionnelles, il est toujours préférable d'acheter pour nourrir du bétail que de faire l'acquisition directe d'engrais.

SUR LES IRRIGATIONS.

> La prospérité matérielle d'une exploitation agricole dépend de la quantité d'engrais qu'elle produit. Or, les prairies naturelles sont les sources les plus fécondes d'engrais.

Nul ne peut nier les progrès de l'agriculture depuis un certain

nombre d'années. De toutes les améliorations réalisées jusqu'à ce jour, on peut citer la création des prairies irriguées et la culture des racines, qui prend aujourd'hui tant d'extension, et dont je suis l'un des plus chauds partisans.

Précédemment, je disais que l'une des grandes plaies agricoles de la France était le manque d'engrais, et surtout dans notre pays de Champagne, où il faisait généralement défaut. Cette absence d'engrais m'a suggéré l'idée d'irriguer, comme étant un des moyens les plus économiques de faire de l'engrais.

Notre sol, composé de marécages et de bois broussailles, était d'un rapport insignifiant; aujourd'hui, l'ensemble de ses produits, bon an mal an, s'élève à *onze cents francs l'hectare.*

Une prairie voisine, créée depuis peu de temps sur le même modèle, se loue annuellement mille francs l'hectare. Favorisé d'une pente de trois mètres sur une longueur de 600 mètres, ce cas exceptionnel donne à nos produits une qualité supérieure.

Voici en peu de mots en quoi consiste ce système :

Canaliser la rivière sur l'un des côtés de la propriété à irriguer, de manière cependant à rester riverain, et ceci afin d'éviter les chicanes et procès résultant souvent de l'élévation des eaux ;

Creuser les canaux d'irrigation et les collecteurs parallèles à la rivière, et leur donner des dimensions proportionnées à la quantité de terrains à irriguer ;

Donner aux versants une pente suffisante pour l'écoulement des eaux, et une largeur qui ne devra point excéder douze à quinze mètres ;

Disposer ces versants de face, afin de faire écouler les eaux qui les arrosent dans un collecteur commun qui les séparera ;

Etablir des vannes pour la régularité des eaux ;

Ne se servir que le moins possible des eaux ayant déjà servi à irriguer ;

Semer de bonnes graines récoltées sur des prairies d'un sol de même nature ;

Arrosage permanent durant tout l'hiver.

Je dois entrer ici dans quelques développements, afin de démontrer la supériorité de ce système et les grands avantages qui en découlent :

En creusant les canaux et collecteurs parallèles à la rivière, on diminue ainsi leur nombre et partant on augmente d'autant le terrain à arroser.

Plus les versants auront de pente, plus les fourrages auront de qualité, ce qui s'explique tout naturellement; car chacun sait qu'en tout sol toute eau qui croupit est un fléau, toute eau courante est un élément de fécondité.

J'ai dit aussi qu'il fallait donner aux versants une largeur qui ne devait point excéder cinq mètres, attendu que l'eau qui se répand sur le sol à sa sortie du canal dépose immédiatement les sels et les engrais dont elle est chargée, et l'on peut remarquer que la vigueur qui existe en cet endroit diminue au fur et à mesure qu'elle s'éloigne, de sorte que, pour obvier à ceci, il faut pratiquer environ tous les quinze mètres de petites rigoles ou saignées, qui, partant du canal, vont déverser l'eau à dix mètres de ce canal. On pratique encore de petites rigoles intermédiaires déversant l'eau à sa sortie du canal.

Il est facile de se convaincre que l'eau qui a déjà servi n'est plus bonne pour arroser. Chacun sait qu'il existe des prairies dont les versants sont superposés et partant arrosés par la même eau ; il arrive que ces prairies, dont on peut suivre les effets divers de l'eau sur chaque versant ; il arrive, dis-je, que ces prairies sont usées en peu d'années. Il n'en est pas de même pour les prairies ainsi disposées sur les penchants des collines et des montagnes, car de nouvelles sources viennent continuellement s'ajouter aux premières et revivifier ces principes fertilisants.

Il ne faut point négliger le nombre des vannes, car, outre la régularité des eaux qu'elles maintiennent, elles servent encore à dessécher les coupons intermédiaires desdites vannes, tout en permettant d'arroser les parties supérieures et inférieures aux coupons desséchés.

De nombreuses expériences m'ont démontré la nécessité de l'arrosage permanent. Voici les principaux avantages :

1° De détruire les animaux nuisibles, tels que taupes, souris et courtillières, qui minent les prairies durant l'hiver.

2° De laisser sur le sol un dépôt ou limon fertilisant qui a souvent deux centimètres d'épaisseur.

3° De développer pendant la rigoureuse saison les racines, qui aux premiers jours donnent naissance à une herbe nouvelle, pleine de vigueur, que les gelées laissent intacte à cause de l'eau courante.

4° Enfin, d'obtenir toujours les *premiers produits* dans les *premiers jours d'avril*, époque à laquelle les autres prairies commencent à peine à poindre, et cela sans fumier et autres engrais que celui renfermé dans l'eau.

Du mois d'avril au mois de décembre le rapport total est de cent seize mille kilogrammes (116,000 k.) à l'hectare.

Les frais d'établissement par ce système sont de 800 fr. par hectare.

En présence d'un rendement aussi merveilleux, je suis étonné que des irrigateurs, ayant un système opposé, persistent à l'employer et à ne pas même essayer celui dont je viens de parler, dont ils ne peuvent nier les résultats qu'ils ont sous les yeux ; ce qui prouve que l'esprit de routine domine encore dans nos campagnes.

Irriguez ! irriguez !... tel est le cri que je ne me lasserai jamais de faire entendre toujours et partout.

Dieu nous a donné l'eau ; c'est au génie de l'homme d'en tirer parti avantageusement. Un de nos illustres agronomes, M. de Gasparin, a dit : « Un d'eau et un de soleil ne font pas deux, ils » font quatre ! »

La prairie irriguée ne demande rien à la ferme, et elle lui donne tous ses produits.

Combien d'hectares de pacages incultes, de marais stériles à proximité de nos rivières et de nos ruisseaux, qui, s'ils étaient aménagés convenablement, seraient transformés en autant de sources de richesse publique !

J'ajouterai en terminant qu'en France, sur *mille hectares* susceptibles d'irrigation facile, il y en a à peine *dix* qui sont irrigués!...

Un des sages de l'antiquité, Caton, a dit aussi : « Celui-là a bien » mérité de la patrie qui a trouvé moyen de faire pousser deux » brins d'herbe, là où il n'en poussait qu'un auparavant. »

LA CULTURE DES RACINES. — SARCLAGE.

Parmi les racines à culture économique exigeant peu d'engrais, de main-d'œuvre, et dont le rendement est considérable, je citerai encore, en première ligne, deux espèces de choux fourrages très-rustiques : le chou cavalier et le chou branchu du Poitou. Ce sont deux espèces monstrueuses, qui viennent même dans les sols arides; il va sans dire que plus on les plante dans une terre fertile, mieux ils viennent. J'en ai planté l'année dernière, n'ayant mis pour tout engrais que des plantes aquatiques, ou herbes de rivière. Parmi les choux cavaliers, il y en avait beaucoup qui mesuraient 1 mètre 50 c. de hauteur sur 2 mètres de largeur.

Il est à remarquer que les choux plantés avec des herbes de rivière résistent mieux à la sécheresse, et se conservent toujours plus verts.

Un avantage de ces choux cavaliers et branchus, c'est de résister également aux gelées.

Si la culture des racines a pris une grande extension depuis quelques années, cependant beaucoup de cultivateurs y ont renoncé, parce que, disent-ils, « les sarclages à la main sont trop ennuyeux et exigent trop de temps. » Il est vrai que c'est toujours à l'époque des moissons que les racines demandent le plus de soins, époque où précisément le manque de bras se fait le plus sentir dans les campagnes.

Pour obvier à ce grave inconvénient, j'ai fait construire la *brouette-sarcloir*, ou brouette à sarcler, instrument qui produit une économie de 50 p. 100 sur le sarclage à la main ; il convient pour cultiver toute espèce de racines et semis, ou plants, en ligne, comme le houblon, la garance, etc., etc. Cet instrument, qui a bien quelque analogie avec celui employé dans le Nord pour cultiver la betterave à sucre, est bien plus complet, et en diffère en ce qu'il coupe et extirpe tout à la fois les herbacées qu'il rencontre sur son passage ; en voici la description sommaire :

La brouette-sarcloir se compose d'abord d'un chassis comportant trois morceaux de bois de 60 centimètres de long sur 4 d'épaisseur. Ces morceaux sont réunis entre eux au moyen de trois cintres en fer, dont un à chaque extrémité, et l'autre, placé dans le milieu, servant d'essieu, repose sur deux petites roues. Deux manches, adaptés à l'extrémité de ce chassis, servent à conduire ou diriger l'instrument. Trois tiges de fer plates, terminées à leur partie inférieure par des fers acérés, en forme de lance, sont fixées au chassis à l'aide de vis qui servent à les régler, soit pour donner plus d'espace entre les lignes, soit pour couper les herbes plus profondément. Des grattoirs, placés en avant des roues, les maintiennent constamment propres, et par là même facilitent la traction. Les trois fers marchent ensemble ou indépendamment les uns des autres.

Conduit par un cheval, on peut, à l'aide de cet instrument, sarcler un hectare et demi à deux hectares par jour. La longueur totale de la brouette-sarcloir est de 1 mètre 50 cent., sa largeur de 35 centimètres, et son *prix* 30 *francs*.

En présence des avantages importants que présente cet instrument, avantages non-seulement reconnus par moi depuis environ six ans, mais encore par les honorables agriculteurs qui s'en servent depuis cette époque, c'est pour moi un plaisir et un devoir d'encourager les agriculteurs à continuer la culture des racines, en leur signalant cet instrument d'un nouveau genre et rendant d'aussi grands services. Plaise à nos lecteurs de ne point voir dans cette recommandation une réclame. Je ne suis point constructeur d'instruments ; mais, humble cultivateur, heureux d'avoir trouvé un moyen de suppléer au manque de bras ; comme je viens de le dire, c'est pour moi non-seulement un plaisir, mais un devoir, de rendre service, d'être utile à mes semblables; que les lecteurs soient persuadés que je n'écris jamais, soit pour faire connaître quelques avis opportuns ou pour signaler quelques découvertes nouvelles, que je ne sois certain des résultats favorables. Aussi ma devise est-elle :

Progrès avec prudence,
Pratique avec science.

Ah ! si moins égoïstes, et conduits par d'autres sentiments que des sentiments d'amour-propre ; en un mot, si, guidés par la charité, mais la charité telle que l'entendaient, la comprenaient, la pratiquaient nos pères, les agriculteurs se réunissaient pour pratiquer en commun cette noble devise : *Etre utile à tous*, combien l'agriculture en retirerait d'heureux fruits ! la société un surcroît de bien-être ! et la France une source de richesses !

CONSERVATION DES CHOUX EN HIVER.

Si, en parlant des racines fourragères, et notamment des avantages que procure la culture des choux cavaliers et branchus du Poitou, j'ai omis les variétés potagères, c'était par cette raison bien simple, que le chou potager est généralement connu ; mais ce qui l'est généralement moins, c'est la manière de le conserver. Or, nos lecteurs me sauront gré, je n'en doute point, de leur faire connaître également un moyen efficace à ce sujet, moyen consacré par l'expérience, et beaucoup employé dans nos contrées.

Les choux potagers se divisent en deux classes, les choux blancs et les choux verts. Quoique récoltées en même temps, ces deux classes ne se conservent point de la même manière.

C'est la première quinzaine de novembre qui est l'époque la

plus convenable pour la rentrée des choux ; les blancs comme les verts doivent être enlevés avec leurs racines et par un temps sec.

Dans chaque maison de culture il existe des greniers à foin au-dessus des remises et des étables : c'est dans ces greniers qu'il faut placer les choux blancs sur de la paille propre, et la racine en l'air. Lorsque l'hiver est humide, il est préférable de les suspendre; on évite ainsi la pourriture. Pour cela, on lie par la racine les choux deux à deux avec un lien de paille, et on les place ainsi à la suite les uns des autres sur une ou plusieurs perches élevées de quelques mètres au-dessus du plancher.

Quant aux choux verts, leur mode de conservation est tout à fait différent. Il faut choisir, au nord des bâtiments, un endroit à l'abri du soleil d'hiver. On établit sur le sol une couche de choux, de manière que leurs racines soient placées à l'intérieur ; on recouvre ensuite de terre à niveau, évitant d'en laisser tomber sur les têtes des choux. La dimension de la couche varie nécessairement suivant la quantité à disposer. On établit ainsi une seconde, une troisième couche, etc., lesquelles, ainsi superposées, forment une pyramide qui, étant bien faite, conserve les choux en parfait état jusqu'en avril.

En effet, chacun sait que ce qui contribue le plus à la pourriture des choux verts, c'est le changement de température, les successions du chaud et du froid, de la neige, du soleil. Par le procédé que je viens de décrire, la neige se conserve longtemps sur les choux ou fond lentement, et, par ce fait, ils restent complètement insensibles aux vicissitudes de la température d'hiver. Puissent ces divers procédés être mis en pratique, et je m'estimerai heureux d'apprendre que nos lecteurs en ont été aussi satisfaits que moi !

PLUS DE CHENILLES QUI RONGENT LES CHOUX.

Il n'y a rien d'aussi désagréable que de voir les choux remplis de chenilles qui les dévorent en peu de temps et souvent annulent la récolte. On a, il est vrai, recours à l'échenillage, mais il se fait toujours mal, et même lorsqu'on le ferait bien, il y a des années où ces rongeurs pullulent avec une telle abondance qu'il est impossible de les détruire complètement. Mes recherches de plusieurs années m'ont amené à trouver le moyen suivant, non pour les détruire, mais pour les éloigner de ces légumes. Ce moyen que je signale est très-simple, peu coûteux, d'un emploi facile, comme on va le voir : il consiste à semer *quelques grains de chenevis* entre les choux, soit dans le jardin potager, soit dans les champs. L'odeur de cette plante oléagineuse éloigne complètement les chenilles. Ce remède, j'en suis certain, sera employé par tous les lecteurs, car on n'en voit guère d'aussi peu coûteux qui produisent autant d'*effets*.

Je recommande le buttage des choux, par la raison que lorsqu'il pleut, les sillons formés par le buttoir se transforment en réservoir et détruisent les herbes parasites.

LE TOPINAMBOUR.

On cultive depuis longtemps, en Champagne, la betterave, la carotte et le navet ; ces racines sont sans doute d'un bon rapport ; mais il en existe une autre qui, certainement, leur est bien préférable : je veux parler du *topinambour* (helianthus tuberosus).

Cette plante est très-ancienne ; importée d'Amérique, elle a été connue sous le nom d'artichaut de Jérusalem, par suite, peut-être, du rapport qui existe entre la saveur de ses tubercules et celle des talons d'artichauts. Il en est d'aussi robustes et de moins exigeantes en ce qui concerne les terrains ; elle réussit dans tous les sols, pourvu qu'ils ne soient point marécageux. Les terres blanches crayeuses sont celles qui lui conviennent le mieux.

On plante ces tubercules comme ceux de la pomme de terre, et à peu près à la même époque, en ayant soin toutefois de donner à l'avance un labour profond et une fumure légère (1). Cultivant le topinambour sur une assez grande échelle (2), diverses expériences m'ont prouvé que cinq hectolitres à l'hectare étaient suffisants pour l'ensemencement.

C'est une opération que l'on exécute assez rarement, par la raison que généralement la culture étant continue, quelque soin que l'on apporte à la cueillette, il reste toujours assez de fibres reproductrices pour qu'au printemps suivant le champ se trouve couvert de jeunes plantes.

La culture des topinambours est des plus faciles, car ses tubercules, envahissant la couche arable, étouffent les plantes parasites qui seraient tentées de pousser à la surface ; il est cependant bon, dès que les premiers germes se montrent, de passer avec une herse, d'une manière énergique, sans craindre de les détruire. Si les herbes adventices continuaient de pousser, il faudrait donner une petite culture à la houe, ou plutôt à l'aide d'un instrument que j'ai perfectionné, et avec lequel on économise beaucoup de temps, tout en ameublissant très-bien la terre.

Le topinambour craint plus l'humidité et moins la sécheresse que la pomme de terre; ses longues tiges (3), qui habituellement s'élèvent à trois mètres, l'ombragent suffisamment. On coupe ces tiges, qui donnent un excellent pâturage en juillet et septembre, ou bien on les laisse sécher, soit pour les employer en fourrage sec, soit pour les brûler.

Une particularité de cette plante, c'est de pouvoir passer l'hiver en terre, sans en souffrir. Aussi ne se gêne-t-on pas pour faire sa récolte ; elle a lieu en hiver, quand on a le temps, et à mesure

---

(1) Dans nos terres crayeuses de Champagne je ne mets que 50 mètres à l'hectare,

(2) 3 hectares.

(3) En 1858, j'en ai mesuré chez moi qui avaient atteint une hauteur de 4 mètres.

des besoins du propriétaire. Le moyen le plus simple pour les arracher est d'employer la charrue; puis, avec une herse, on les secoue une ou plusieurs fois. Cette main-d'œuvre est la plus économique pour le temps, et la moins dispendieuse. Cette racine, contenant 14 pour 100 de matière sucrée (comme on le verra au tableau ci-après), convient à toute espèce d'animaux; employée crue, elle est très-laiteuse; cuite, elle engraisse parfaitement les bestiaux, surtout les porcs, qui en sont très-avides; quant au bétail, il convient, pour atténuer les effets alcooliques du topinambour, de le mélanger, étant coupé, avec des pailles hachées, et on laisse fermenter le tout pendant vingt-quatre heures. Car, je le ferai remarquer en passant, cette plante, contenant une grande quantité d'alcool, il serait imprudent de l'employer seule, surtout pour les moutons; elle les exposerait à des attaques d'apoplexie.

La récolte m'a donné en moyenne 180 hectolitres (1) à l'hectare et 2,000 kilog. de tiges. Des expériences m'ont prouvé qu'il y avait avantage à ne point les récolter la première année. Un seul tubercule que j'avais laissé deux ans en terre m'a donné 15 *litres*.

Tous les deux ans, il convient de donner une légère fumure; c'est un excellent moyen de s'assurer d'une récolte toujours abondante. Le topinambour, par sa grande facilité à se reproduire, n'est pas susceptible d'entrer dans un assolement bien combiné. Plusieurs agronomes ont publié divers moyens efficaces pour le faire disparaître complètement d'un terrain; mais, à mon avis et d'après quelques essais, le plus simple et le plus sûr est celui-ci : il suffit, fin de mars, de fumer ou plutôt de recouvrir le terrain d'un peu d'engrais, de tourner comme pour l'avoine, et d'y semer de l'orge à la herse; puis on y ajoute des graminées de prairies naturelles, susceptibles d'être pâturées, comme le sainfoin, le raygrass, etc. De cette manière, on obtient un double (2) pâ-

---

(1) L'hectolitre se vend 12 fr.; il pèse 65 kilog., soit pour l'hectare 5,200 kilog.

(2) L'orge mélangée aux jeunes tiges des topinambours.

turage pour les moutons au commencement de mai, pâturage que l'on continue jusqu'à extinction complète du topinambour.

En résumé, des végétaux de la grande culture, le topinambour est un de ceux qui produisent le plus, tout en consommant le moins d'engrais, et en exigeant le moins de soin. En ce qui concerne la distillerie (1), diverses expériences ont établi que, pour un même poids, le topinambour donne 6 litres d'alcool, tandis que la betterave n'en donne que 4, soit un tiers en moins.

D'après les analyses faites jusqu'à ce jour, on peut admettre pour l'un et l'autre la composition suivante (2) :

TOPINAMBOUR.			BETTERAVE.		
Sucre	15	»	Sucre	8	»
Matières azotées	3	»	Matières azotées	2	05
Inulines	2	»	Inulines	»	»
Autres matières organiq.	2	»	Autres matières organiq.	»	05
Matières minérales	1	»	Matières minérales	2	»
Eau	77	»	Eau	87	»
	100	»		100	00

Ainsi, le topinambour contient plus de sucre et de matières azotées que la betterave, et notablement moins d'eau. De là cette conséquence, que le *topinambour est pour le bétail une nourriture évidemment supérieure.*

En somme, la culture du topinambour, qui joint à l'économie de semence, d'engrais et de main-d'œuvre, un rapport plus avantageux que les autres racines, mérite d'être plus répandue qu'elle ne l'a été jusqu'à présent, et de triompher enfin des préjugés qui l'ont retardée.

---

(1) En 1860, un essai de distillation ayant porté sur un hectolitre et demi (poids, 90 kilos), on a obtenu 6 litres, soit 4 litres par hectolitre.

(2) *Journal d'Agriculture* du 20 mars 1854.

En terminant ces quelques lignes, qu'il me soit permis de formuler un désir : c'est que cette culture se répande surtout en Champagne, pays par excellence pour la prospérité (1) du topinambour; car, comme je l'ai fait remarquer en commençant, les terrains crayeux sont ceux qui lui conviennent le mieux, et chacun sait que notre Champagne est privilégiée sous ce rapport. Il vient aussi dans les terrains marécageux; mais il y a un inconvénient très-grave, c'est que, l'humidité faisant naître autour des tubercules quantité de petites racines semblables à celles qui poussent autour des oignons, il est très-difficile, à moins de les couper, de les débarrasser de la terre qui se trouve retenue et comme attachée aux tubercules.

SORGHO A SUCRE.

Son origine. — Sa culture. — Ses rapports comme plante industrielle et comme plante agricole en Champagne.

Cette nouvelle plante saccharifère a été importée seulement depuis quelques années en France. Cultivé surtout dans le Midi, et un peu dans le Nord, le sorgho à sucre présente de grands avantages, soit comme plante agricole, soit comme plante industrielle. Ayant voulu savoir quel parti on pouvait en tirer en Champagne, j'ai fait divers essais, dont je vais rendre compte dans ce chapitre.

Avant de commencer, je crois convenable de donner quelques détails préliminaires sur l'origine de cette plante, toute nouvelle pour nos pays.

Le sorgho à sucre (*holcus saccharatus*) est originaire des Indes-

---

(1) Une maladie analogue à celle de la pomme de terre ayant frappé mes topinambours, force m'a été d'abandonner au moins momentanément la culture de cette précieuse plante fourragère.

Orientales; on le cultive beaucoup dans le nord de la Chine. Les graines sont globuliformes, présentent une forme sphéroïdale, et sont d'un beau noir luisant (1). « Dans la Sénégambie (2), les habitants recherchent beaucoup ces graines pour en faire une sorte » de bouillie qu'ils appellent *couscous.* »

Quant aux tiges, elles ressemblent assez à celles du maïs, avec cette différence qu'elles viennent beaucoup plus grandes; les miennes avaient atteint une hauteur variant de 2 mètres 80 à 3 mètres. Sa culture a même beaucoup d'analogie avec celle du maïs.

Il convient de défoncer le sol (au moins $0^{m}10^{c}$) avant l'hiver, et de donner encore deux labours profonds pendant la rigoureuse saison, sans oublier un ou plusieurs hersages, de manière à bien ameublir la terre et à la rendre très-nette. Les terrains à sous-sol humide sont ceux qui lui conviennent le mieux.

L'époque des semailles la plus propice est, d'après un honorable auteur (3), qui s'occupe beaucoup de la culture de cette plante, fin d'avril ou commencement de mai.

« Toutes les graines de sorgho, dit-il, ne présentent pas les » mêmes caractères de germination ; l'eau est un bon moyen de » les séparer. Pour cela, on met les graines au moment de l'ense» mencement dans une quantité d'eau proportionnelle ; au bout » de 24 heures, celles qui surnagent doivent être rejetées, tandis » que celles restées au fond du vase sont propres à la germina» tion ; d'ailleurs, ce séjour dans l'eau leur fait absorber la quan» tité d'eau nécessaire à leur germination, et par conséquent, hâte » beaucoup cette opération après l'ensemencement. »

En 1857, pour commencer mes essais, j'ai seulement ensemencé deux ares; l'engrais que j'ai cru l'un des plus favorables, et qui, en effet, comme on le verra plus loin, m'a donné des résultats satisfaisants, est le *guano* ; la quantité était de 0,40 cent. cubes, soit

(1) L'hectolitre pèse 65 kil.

(2) *Journal d'Agriculture Pratique.*

(3) M. H. Leplay.

20 mètres à l'hectare. Mes graines furent prises chez MM. Simon-Louis frères, de Metz ; je les semai fin d'avril. Pour la culture en grand, un semoir est très-convenable ; le semoir Dombasle est, paraît-il, le mieux approprié sous ce rapport ; dans ce cas, 2 kil. de semence à l'hectare sont suffisants, tandis qu'en semant à la volée, il faut compter 5 à 6 kil.

Les graines levèrent assez (1), mais pendant près de deux ans, les tiges languirent tellement que je fus plusieurs fois sur le point de les retourner ; enfin, je sarclai mes jeunes plantes le plus possible avec ma *brouette-sarcloir*. Je ne fus pas longtemps à regretter mes peines et les soins que je leur prodiguais, car, quelque temps après, je fus émerveillé de leur développement. J'avouerai que j'allais les visiter chaque jour, tant j'étais étonné de leur transformation presque subite ; la belle verdure dont elles étaient maintenant revêtues, qui promettait, sans aucun doute, une végétation luxuriante et abondante, avait remplacé une couleur jaune pâle qui m'avait fait craindre leur perte. Je continuai, par des sarclages, à nettoyer ma terre, et à la fin de septembre, comme je l'ai déjà dit, mes plus grandes tiges avaient atteint trois mètres.

A cette époque, comme la couleur de l'épi semblait annoncer une maturité prochaine, quoique les graines ne fussent point mûres entièrement, je fis couper les tiges qui étaient encore d'un vert sombre, et les mettre en bottes pour les placer ensuite en faisceaux sous une remise. J'obtins de mes deux ares (sauf une parcelle que j'avais laissée comme culture fourragère) 1,000 kil. de tiges vertes, soit 50,000 à l'hectare.

J'oubliais de faire remarquer qu'à la fin d'août, je coupai quelques tiges, afin d'examiner si la quantité de jus sucré qu'elles renfermaient était déjà notable; je vis alors que les mérithalles (2) du bas étaient déjà très-sucrées, et que cela diminuait au fur et à mesure qu'on s'élevait.

Dans le midi de la France, où la température est plus propice

---

(1) J'ai remarqué qu'un seul grain avait produit dix tiges.

(2) Entre deux nœuds.

au sorgho, l'hectare rapporte 80,000 kil. de tiges vertes, donnant 40,000 kil. de jus (1), desquels on a extrait 1,600 litres d'alcool.

Ma petite quantité de tiges ne m'a point permis les frais de distillation, et j'ai seulement extrait du *sirop*, au nombre de 20 litres, par un moyen très-simple, que voici :

Je hachai les tiges par morceaux de 2 à 5 centimètres, que je fis bouillir pendant quatre heures, au bout desquelles je les jetai dans un pressoir; je fis alors réduire le jus, qui en découla environ quatre heures, ce qui me donna un sirop agréable.

De mes expériences j'ai cru tirer la conséquence suivante : « *Notre climat n'est point assez chaud pour cultiver avec avantage* » *le sorgho comme plante industrielle.* »

Si cette plante n'est point destinée à être cultivée comme plante saccharifère, il est incontestable que, comme plante fourragère, elle donnerait des résultats magnifiques.

Les divers essais qui ont été tentés dans certaines régions du Nord ont partout bien réussi ; les résultats publiés accusent des rendements considérables, et l'ont fait regarder comme le plus riche et le plus abondant de tous les fourrages. Son principal mérite est d'abord d'être récolté à deux époques de sa végétation (2); mais c'est surtout à l'automne, quand les dernières coupes de trèfle ou de luzerne rendent peu et souvent sont nulles, que le sorgho-fourrage est appelé à rendre de grands services ; aussi, cette année, je me propose de le cultiver en grand sous ce rapport.

Dans la situation actuelle, où le vin est généralement rare et de mauvaise qualité, beaucoup de personnes cherchent dans les plantes, racines ou fruits une boisson qui puisse remplacer le vin, au moins momentanément. Parmi les végétaux, le sorgho à sucre a donné lieu à divers essais dont les résultats ont été couronnés de succès.

---

(1) Le sorgho contient 10 pour 100 de sucre brut.

(2) Juillet et octobre.

M. Galbert (1) dit « qu'il a obtenu 6 hectolitres d'un vin qu'il » déclare bon, sur une contenance de 2 ares, ensemencés en » *sorgho.* » Le moyen qu'il emploie est celui-ci : « On laisse fer- » menter les bottes en tas pendant quelques jours, puis on les » découpe en menus morceaux que l'on passe dans un moulin à » égruger; la pulpe en résultant est mise ensuite dans un pres- » soir ; le jus obtenu doit être placé en cuve ; il fermente de lui- » même et se transforme en vin au bout de quelques jours. »

M. Vilmorin (2) conseille, pour concentrer le jus contenu dans les cannes et le rendre plus riche en alcool, de les placer au soleil ou dans un four, après la cuisson du pain, ou bien encore de faire évaporer le jus sortant du pressoir. « Ce dernier moyen, dit-il, » serait préférable, parce qu'il permettrait de faire disparaître » *le goût de vert*, assez persistant, lorsqu'on fait fermenter le jus » *cru*. On ajoute alors, par hectolitre de jus, 200 grammes de co » peaux de bois de chêne neuf. »

M. Vilmorin conseille aussi « d'employer ce moyen pour tous » les jus destinés à la distillation, en faisant disparaître complè- » tement la saveur herbacée retenue dans les jus crus, lors même » que les alcools seraient rectifiés jusqu'à 80°. On obtient ainsi » des eaux-de-vie *bon goût* (3). »

LA CAROTTE ET LA BETTERAVE.

La carotte et la betterave sont des racines trop généralement connues pour qu'il soit nécessaire d'en donner ici la description;

---

(1) Extrait de la note que M. Vilmorin a envoyée au *Moniteur Universel*, 13 novembre 1854.

(2) J'ignorais encore ce moyen lors de mes essais d'*eau-de-vie de carottes*, de *topinambours* et de *sirop de sorgho*, sans quoi je l'eusse certainement employé.

(3) *Journal d'Agriculture Pratique.*

je me bornerai seulement à faire connaître leurs avantges dans la culture.

Cultivant depuis longtemps ces deux plantes, ma préférence a toujours été pour la carotte.

Les raisons qui me font préférer la carotte à la betterave, c'est d'abord parce que, contenant moins d'eau, elle est moins froide que celle-ci, et, partant, renferme plus de parties nutritives, puis le bétail mange la carotte plus volontiers; les moutons surtout en sont plus avides. Je ne crains point d'ajouter qu'elle est plus laiteuse, et engraisse mieux que la betterave. Cette dernière plante demande à être donnée aux bêtes avec modération et en petite quantité, tandis que la carotte n'a aucun de ces inconvénients. Si on cultive généralement plus la betterave que la carotte, c'est que sa culture demande moins de soins. Ce ne devrait point être là une raison suffisante, car combien de plantes dans l'agriculture, demandant plus de soins les unes que les autres, rémunèrent presque toujours au centuple des peines dont elles sont l'objet : la carotte est de ce nombre.

En écrivant ces lignes, en recommandant plutôt une racine que l'autre, j'émets tout simplement mon opinion résultant de mes expériences, je constate des faits qui se passent annuellement sous mes yeux. Quant à ceux qui voudront continuer la culture de la betterave, que je ne rejette point totalement de mes racines, je leur signalerai la betterave *globe jaune et la blanche de Silésie* ou betterave à sucre, comme donnant les plus beaux produits : peu de feuille, absence presque complète de chevelu, ce qui la rend toujours propre et d'une belle forme presque sphérique. A propos de betterave, j'ai remarqué que les betteraves semées avaient sur les plantées l'avantage de peser un tiers de plus, à même diamètre ou même grosseur. Conséquemment, le semis est préférable.

En 1857, ayant récolté 30,000 kilos de carotte, produit d'un hectare, je voulus savoir si, par la distillation, on obtiendrait un produit plus avantageux qu'en les faisant consommer par le bétail. 600 kilos furent sacrifiés à cet essai : 400 macérés et mis en fermentation donnèrent 8 litres d'alcool, tandis que des 200 autres kilos, soumis à la cuisson avant la fermentation, on obtint 6 litres.

Par cette double opération, on voit que celle qui consiste à faire cuire les carottes avant la fermentation donne un tiers d'alcool en plus. Peut-être obtiendrait-on davantage si on opérait sur une plus grande échelle. J'ai été étonné de voir le bétail manger avec autant d'avidité les pulpes ou résidus, qui exhalaient cependant une odeur insupportable.

Ah! si les habitants de la campagne connaissaient comme moi la valeur des racines, surtout dans les pays où le manque d'engrais se fait sentir, s'ils savaient bien tout le parti que l'on peut en tirer, en un mot, s'ils savaient en apprécier tout le prix, comme ils s'empresseraient de les cultiver, de les propager! Leur bétail s'en porterait mieux, serait plus gras, plus abondant. Ainsi, augmentation du bétail, conséquemment d'engrais, et partant, plus-value de la terre, qui rapporterait de plus en plus.

LA PÉNURIE DES FOINS ARTIFICIELS

Depuis un certain nombre d'années les cultivateurs de la Champagne et d'ailleurs se plaignent vivement du manque de foins artificiels ; je ne veux point parler du ravage causé par la cuscute, auquel M. Ponsard, président du comice de Châlons-sur-Marne, oppose un remède des plus puissants que l'on connaît, mais bien par la fatigue de la terre à laquelle on veut en faire produire trop souvent. Eprouvant moi-même cette perte je m'écriais avec les autres cultivateurs : Plus de foins! plus de moutons pendant l'hiver! La vente s'opérait donc à l'arrière saison, pour la partie la plus considérable des troupeaux, généralement dans d'assez bonnes conditions; mais lorsqu'il s'agissait de racheter à la fin de l'hiver, là était la grande difficulté. De deux choses l'une : ou bien l'on ne voulait vous vendre que des bêtes maigres, d'un état piteux, qui n'avaient été nourries que de paille bien battue; où l'on exigeait des prix exorbitants, ce qui équivalait à ne point vouloir vendre du tout, par la raison très-simple et toute naturelle que les moutons allaient pâturer au premier jour et qu'ils ne coûteraient plus rien à nourrir à la bergerie. Ici, je dois faire remarquer à ce sujet qu'en Champagne, ce pays de mauvais renom proverbial, on envoie les bêtes ovines aux champs dès la fin de février ou commencement de mars, jusqu'au mois de décembre. On comprend facilement que vendre ses moutons pour trois mois, joint à la difficulté de les remplacer à la sortie de la rigoureuse saison, et ajoutant encore la perte d'engrais dans un pays où il fait généralement défaut, c'était un inconvénient des plus graves auquel il fallait porter remède au plus vite. En résumé, il y avait donc : perte de l'intérêt de sa terre ou plutôt du capital représentant sa terre; perte, si ce n'était dans la vente, du moins dans l'acquisition nouvelle de son bétail, et en troisième lieu, perte d'engrais.

Le seul remède consiste dans le changement d'assolement et le remplacement de la prairie artificielle par une récolte de *jarosses, dravières, lentilles* (1), purs ou en mélanges, suivant la nature du sol; cependant le mélange est toujours préférable, afin que si l'une de ces graminées manque les autres ne manquent point; de plus, il y a augmentation de revenu.

Or, j'ai déjà dit (à propos du procédé de fécondation artificielle de M. Hoïbrenck) qu'il fallait d'abord produire le plus d'engrais possible, et puis demander ensuite à la terre ce que comportent

---

(1) Mes essais actuels portent sur plusieurs nouveaux fourrages appelés à rendre de grands services, assure-t-on, dans les sols légers : le premier, c'est la *luzerne rustique*, plante vivace des plus vigoureuses; le second, se nommant *ervillé,* a été récemment importé d'Afrique par notre célèbre propagateur de vers à soie, M. Guérin-Menneville. Les Arabes appellent cette plante *K'rsa' Allah* (don de Dieu); la graine est deux fois plus nourrissante que l'orge, et elle est la *seule ressource* du bétail arabe pendant les grandes sécheresses, attendu que l'ervillé croît dans les sols les plus arides.

sa nature et sa force. Voici l'assolement proposé principalement pour les régions à jachères, assolement dont mes expériences et celles d'agriculteurs honorables(1) ont toujours confirmé les résultats avantageux, *ne nuisant pas au sol*. Généralement, les assolements alternent ainsi : après seigle ou froment, on sème orge ou avoine, et dans les terrains légers on fait suivre d'une jachère : c'est là le véritable assolement triennal. Si au lieu de semer une orge ou une avoine, en seconde année, on semait en jarosse, dravières, etc., suivies en troisième d'une orge ou d'une avoine, on obtiendrait alors une récolte en plus. Je dois ajouter que toujours les avoines ainsi semées viennent plus belles et sont toujours certaines.

Les cultivateurs qui emploient cet assolement trouvent dans cette récolte du mélange dont je viens de parler une nourriture puissante et un rapport plus avantageux que du foin. La moyenne d'une récolte de jarosses, dravières, lentilles en mélange varie, en Champagne, de 1,600 à 1,800 gerbes à l'hectare. Cette nourriture, des plus riches en principes nutritifs, demande à être donnée aux moutons avec certaines précautions qu'il importe de faire connaître.

Cette question fera l'objet du chapitre suivant.

---

(1) Extrait du *Journal des Travaux de l'Académie nationale*, de janvier 1865 :

Cultures fourragères de M. Bablot-Maître. — Inventeur d'une ingénieuse brouette-sarcleuse, dont nous avons entretenu nos collègues dans le journal mensuel de nos travaux (année 1861, pages 10 et 11), M. Bablot-Maître a donné, dans sa propriété de Jonchery-sur-Suippe, une grande extension aux cultures fourragères, et nous a envoyé de remarquables échantillons des récoltes qu'elles lui donnent pour l'alimentation de son bétail. En voyant les magnifiques choux cavaliers de 1m50 de hauteur, les belles pommes de terre et les grosses carottes blanches qui composent son envoi, on ne se douterait guère que des produits aussi beaux proviennent des calcaires crayeux de la Champagne pouilleuse. Avec beaucoup de cultivateurs tels que M. Bablot-Maître, celle-ci ne tarderait pas à perdre la vilaine épithète par laquelle on la caractérise. Deux choses

QUESTION DE NOURRITURE ÉCONOMIQUE DU BÉTAIL.

Je viens traiter dans ce chapitre une question économique d'une certaine importance. Ce n'est pas, ce me semble, sortir de ma sphère que de publier les conséquences résultant de la pratique agricole pour éclairer ceux qu'enveloppent encore les brouillards de la routine. Bien au contraire, je considère ceci comme le premier devoir de fraternité chrétienne et agricole, en vertu de cette maxime de source divine : « *Faites aux autres ce que vous voudriez que l'on vous fît à vous-mêmes.* » Pénétré de ces sentiments, je viens exposer un système de nourriture économique du bétail pendant l'hiver, système consacré par plusieurs années de succès plus que suffisants pour le recommander tout spécialement aux lecteurs. Beaucoup d'entre eux, j'en suis certain, ont

manquent à cette contrée si pauvre encore, de l'eau et des engrais. L'habile propriétaire de Jonchery a commencé par créer des prairies arrosées à l'aide d'une méthode simple et facile d'irrigation que l'Académie a récompensée d'une médaille ; c'était le meilleur moyen d'arriver à avoir de l'engrais à bon marché. Depuis cette époque, et à l'aide de l'augmentation apportée dans la masse de ses tas de fumier et dans leur qualité par une nourriture plus abondante, il a pu faire dans son assolement une large place aux racines fourragères. Il en est résulté la production d'une quantité de fumier encore plus considérable et qui lui permet aujourd'hui d'entrer dans le système économique des fortes fumures et d'obtenir d'abondants produits en céréales. La terre de M. Bablot-Maître est ainsi arrivée à une grande fertilité. Le comice agricole de Châlons-sur-Marne l'a reconnu hautement en décernant à son propriétaire sa médaille d'argent en 1858 pour ses cultures fourragères, et, cette année, une nouvelle médaille pour l'ensemble de ses racines fourragères. — Le bon exemple donné par M. Bablot-Maître commence à être compris et imité par ses voisins, et notre collègue a conquis noblement sa place parmi les hommes qui auront rendu le plus de services à la culture, si difficile à améliorer, de la Champagne, et si longtemps regardée comme vouée à une éternelle stérilité.

déjà apprécié et se proposent de mettre en pratique le moyen de suppléer à la pénurie des foins artificiels que je recommandais précédemment ; c'est-à-dire de remplacer par des plantes plus nutritives les fourrages qui faisaient généralement défaut. Je citais comme graminées présentant le plus d'avantages le mélange de *jarosses-dravières-lentilles*. Un mot d'abord sur leur culture. Aussitôt les seigles des meilleures terres ou les froments moissonnés, il faut profiter du premier moment libre, soit même un lendemain de pluie, qui souvent empêche de continuer le travail de la moisson, pour donner un labour léger, suivi de plusieurs hersages, ensuite un second labour plus profond et biner. Eviter les semages à la herse, qui ne réussissent presque jamais, attendu que ces sortes de graines en germant tendent toujours à monter, et lorsqu'elles sont peu enfouies, les gelées saisissent leurs racines et font périr la plante. Je le disais dernièrement, les jarosses-dravières-lentilles sont une nourriture des plus nutritives, et renferment les principes les plus actifs de la nutrition ; conséquemment ils engraissent le bétail très-vite, je dirai même trop vite, car souvent cette nourriture, donnée même en petite quantité, fait périr du bétail par des maladies résultant de la richesse et de l'abondance du sang. Mais voici le remède dans la manière d'administrer cette puissante nourriture : c'est d'abord dans l'emploi du hache-paille. Il n'est point de petite culture aujourd'hui qui n'ait ou ne devrait avoir un hache-paille. En effet, avec son emploi il y a économie de 20 à 30 pour 100. Il ne faut s'en servir qu'une année pour en apprécier les avantages. Sans lui, combien de fourrages, de foins, tombant du râtelier ou de la crèche, sont perdus. Et cependant, si on pouvait en faire la récapitulation annuelle, ce serait à n'y point croire.

Autre avantage : le bétail qui consomme des pailles hachées consacre moins de temps pour manger, et partant en donne plus au repos, à la tranquillité, ce qui le rend également plus apte à l'engraissement. Quant aux gerbes de jarosses-dravières-lentilles, il est de toute nécessité de les hacher. Lorsque cette opération sera faite, vous arroserez vos hachis 12 heures d'avance avec de l'eau provenant de *pains d'huile* ou *tourteaux* que vous aurez fait dissoudre dans un cuveau; cette eau de tourteaux a pour effet d'atténuer les principes irritants renfermés dans ces graines, tout en étant un apéritif ou excitant très-agréable et contribuant soit à l'engraissement, soit à l'augmentation du lait. Puis votre bétail vous donnera un fumier abondant et de bonne qualité, tout en se portant bien.

La quantité de tourteaux par tête de bétail varie nécessairement suivant ce que l'on veut faire de ses vaches ou de ses moutons, c'est-à-dire si on veut les hiverner en bon état ou les engraisser. Je dois conséquemment ajouter que, lorsque l'on cultive des racines, il faut également les mélanger à cette nourriture, que l'on arrosera moins.

QUEL EST LE MEILLEUR VÉHICULE AGRICOLE ?

Depuis longtemps, les cultivateurs se mettent en quête du meilleur véhicule agricole, et cette question n'est généralement point encore résolue.

Et d'abord, doit-il être lourd ou léger, se demande-t-on ? Dans l'état actuel de nos chemins, la réponse est très-simple. Les transports agricoles doivent varier suivant les contrées que l'on exploite, c'est-à-dire suivant la nature des sols plus ou moins légers, ou plus ou moins compactes. Et cependant, si partout on avait de bons chemins ruraux, partout également ces chemins permettraient les transports légers, et partant fatigueraient moins les chevaux. Parmi les différents équipages doit-on préférer le *charriot* ou voiture à quatre roues au véhicule primitif la *charrette?* A cette seconde question, je ne crains point de répondre : Oui! La pratique parle très-haut en faveur du charriot, car tous les cultivateurs de ma connaissance qui ont changé leurs charrettes contre des charriots sont loin de revenir encore à ce système. On remarque, il est vrai, un peu de tirage, puisqu'il y a double frottement, frottement cependant qui est diminué de moitié, puisque pour une charge donnée on a quatre points d'appui au lieu de deux ; mais aussi cet inconvénient, s'il y en a, disparaît complètement devant les nombreux avantages que voici : le cheval qui conduit un véhicule à quatre roues a une liberté entière de ses mouvements, et conséquemment il regagne par un tirage horizontal toujours régulier la force que lui fait perdre une charrette qui est rarement en équilibre ; car l'équilibre à peu près obtenu en plaine, n'existe plus dès que le cheval monte ou descend. La charrette-tombereau Crosskhill remédie, il est vrai, à cet inconvénient de la charrette ordinaire en ce que, reposant sur une crémaillère, une manivelle permet de porter la charge sur le devant ou sur l'arrière, suivant les montées ou les descentes.

Malheureusement, les charretiers négligent volontairement ou involontairement de faire jouer la crémaillère, et alors ce système devient nul, tandis qu'avec un charriot reposant sur des appuis fixes, la négligence des conducteurs est sans inconvénient, et le cheval est toujours libre de ses mouvements.

On peut en outre charger un charriot non attelé sans le secours d'engins, qui souvent mal placés, sont la cause d'accidents plus ou moins graves. Et puis encore, une seule personne peut atteler ou dételer un charriot, si lourde que soit sa charge ; si par accident un cheval vient à s'abattre, il est facile de le relever. Or, que d'accidents arrivent avec une charrette lorsque le cheval tombe !

Parmi les différents systèmes de charriots, on doit toujours donner la préférence à ceux dont les roues du devant sont d'un rayon beaucoup plus petit que celui de l'arrière. Ce moyen permet de tourner aussi court que l'on veut, puisque les petites roues passent sous l'avant-train, et conséquemment ne sont jamais l'occasion de verser. Pour en revenir à la viabilité rurale, en consultant dans le livre (1) du savant général et ingénieur Poncelet le tableau du rapport des tirages à la charge, on trouve que, pour une charge totale (véhicule compris) de 1,000 kilos dans un

(1) *Introduction à la mécanique industrielle, physique et expérimentale.*

champ argileux, il faut une force de 250 kilogrammes, tandis que sur un chemin bien entretenu, cette force se réduit à 33 kilog.; ce même poids, sur un chemin de fer, ne demande que de 5 à 7 kilog. de traction.

On voit donc une fois de plus, par ce qui précède, tout l'intérêt particulier et général que l'agriculture a d'avoir de bons chemins. Ainsi, des charriots remplaçant les charrettes et de bons chemins succédant aux mauvais, permettent d'avoir des chevaux plus légers et moins coûteux; partant, cette amélioration représente un chiffre d'économie très-considérable.

SOUFFRANCES DE L'AGRICULTURE,

LEURS CAUSES ET LES MOYENS D'Y REMÉDIER.

Il est bien difficile, en faisant connaître les meilleurs moyens d'améliorer l'agriculture d'une contrée, de ne point parler des souffrances agricoles qui l'accablent, et des remèdes qui puissent la guérir.

Le malaise agricole, certes, se fait ressentir dans notre Champagne plus que dans toute autre partie de la France, et ceci à cause de la nature de son sol spécial à la production des céréales.

Parmi toutes les questions d'économie sociale, il n'en est point à coup sûr qui soit autant digne d'intérêt que la *question agricole.* La crise qu'elle traverse actuellement appelle l'attention de tous les économistes, dont beaucoup malheureusement nous lancent dans une fausse voie; tous cependant savent que lorsque l'agriculture est en souffrance, toutes les industries, nécessairement, doivent ressentir le contrecoup de ses crises; car, qu'est-ce que l'industriel? sinon l'intermédiaire entre le producteur et le consommateur.

Mon devoir de citoyen, comme mon intérêt d'agriculteur, de producteur en un mot, est d'apporter le tribut de mes faibles connaissances à cette grande, à cette noble cause, heureux si ces lignes peuvent trouver quelque écho près de ceux qui ont pour mission d'éclairer, et le pouvoir, sinon de guérir un mal qui s'aggrave de jour en jour, du moins d'apporter un palliatif qui adoucisse les douleurs, ou un remède énergique qui réagisse vivement sur la plaie.

Une des causes premières de la crise agricole se trouve dans le prix de revient des céréales, plus élevé que le prix de vente, qui est loin d'être rémunérateur.

Pourquoi donc cette différence si défavorable aux intérêts producteurs ?

Elle est due à l'aggravation des salaires, qui augmentent d'une manière effrayante, conséquence d'un luxe effréné, ainsi qu'aux impôts onéreux et aux charges de toute nature qui frappent toujours le producteur au profit de l'industriel et du commerçant.

En voici un exemple entre mille : quand un cultivateur vend une tête de bétail de 250 kilos de viande, je suppose, on peut affirmer que l'industriel par les mains duquel elle passera, avant de la livrer au consommateur, retirera lui pour le moins 125 *francs sur son marché,* et cette somme augmentera proportionnellement au nombre d'intermédiaires.

Il en est de même du pain ; je suis persuadé, convaincu que l'on serait extrêmement curieux et très-stupéfait de voir le chiffre fabuleux que les intermédiaires entre le producteur de grains et le consommateur retirent avant que le pain puisse être livré à la consommation. Toutes les industries en sont là ; cependant l'industrie ne *crée rien*, elle transforme, elle n'est à proprement parler qu'une conséquence de l'agriculture, qui, elle au contraire, *crée tout*.

Je n'ai point à énumérer ici les charges de l'agriculture comparées à celles de l'industrie et du commerce ; qu'il me suffise de le dire, la proportion est énorme. Qui donc fait les routes, les chemins de terre ou de fer vicinaux, plus profitables aux industriels, aux commerçants qu'à l'agriculteur, si ce n'est le cultivateur? Qui donc paie la plus lourde part de l'impôt, si ce n'est le petit capital foncier, et non le fabuleux capital commercial et industriel ?

Qui donc fournit la plus grosse partie du contingent, si ce n'est le robuste campagard?

De ce qui précède, on peut induire que l'industrie et le commerce sont plus favorisés que l'agriculture. Mais notre auguste souverain n'a-t-il point dit lui-même : « *Tout pour les campagnes » et par les campagnes.... L'amélioration des campagnes est plus » utile que la transformation des villes.* » Mettons donc notre espoir en ces justes et nobles paroles, et attendons l'avenir avec confiance. La transformation des villes, ajouterai-je, est également une des causes principales du malaise agricole, parce qu'elle a pour effet l'émigration des campagnes, et conséquemment la rareté des bras et l'élévation des salaires.

En effet, nous voyons chaque année nos communes se dépeupler au profit des centres où l'industrie et le commerce, progressant de toute manière, permettent de donner des salaires doubles et triples des salaires agricoles : concurrence terrible que l'agriculture ne pourra jamais soutenir. Cette multitude grossissante (1) d'hommes attirés vers les villes est un fléau pour ces centres qu'ils encombrent, aussi bien que pour les campagnes qui les perdent.

« Non, s'écrie un de nos savants agronomes (2), la désertion des campagnes ne peut être un bien pour personne. Il n'y a qu'un moyen de l'arrêter; ce serait que, sur les capitaux gagnés par l'agriculture, une plus grande partie revînt au sol, en améliorations, en engrais, en chemins, en bâtiments, en institutions et en écoles; que cette forte part du capital s'employât à faire pros-

---

(1) D'après la statistique officielle, le chiffre énorme de l'émigration agricole vers les villes pendant la période décennale de 1851 à 1861 s'élève à *2,119,381 ouvriers agricoles ;* le recensement de 1866 constatera sans doute que le mal a empiré depuis cette époque.

(2) M Louis Hervé, rédacteur en chef de la *Gazette des Campagnes.*

pérer les populations rurales, à les civiliser, à les moraliser, et que les propriétaires n'appliquassent que le surplus à leur luxe, à leurs voyages, aux frais de leurs plaisirs dans les villes.

L'émigration des bras a pour cause l'émigration des têtes de la société rurale. Voilà le mal. Il est profond, déplorable. Un rentier qui dépense tous ses revenus à Paris ou dans une grande ville, au lieu d'en consacrer une partie, sinon le tout, aux besoins de ses domaines ou de sa commune, méconnaît sa mission de propriétaire rural, son devoir de chrétien et de Français. Entendons-le bien, voilà la vérité vraie ! Avec l'argent qu'il emporte pour faire vivre des cuisiniers, des théâtres, des modistes, des carrossiers, des tapissiers, etc., il empêche de vivre dix, quinze familles de cultivateurs ; il prive le sol d'engrais, de chemins, d'amendements, qui l'auraient rendu capable de produire dix fois plus de récoltes, de nourrir dix fois plus de bétail. Seulement, remarquez bien ceci, la richesse factice qu'il suscite à la ville s'use et périt à mesure qu'elle est produite ; chaque année il faut la recommencer avec le fruit du sol appauvri ou non enrichi ; tandis que les capitaux confiés au sol y auraient créé une richesse qui se multiplierait par elle-même d'année en année, de génération en génération. Jugez par là ce que vaut pour son pays un propriétaire qui remplit sa mission, comparé à celui qui l'ignore ou la dédaigne !

Un grand écrivain a dit ce mot profond : « L'homme de luxe ne *consomme* pas, il *consume !!!* »

Calculez les millions dérobés au sol rural tous les ans par nos goûts frivoles, par la passion de jouir, par la faculté de consommer aux dépens de la faculté de créer, et vous aurez la somme des bouches qui sont ainsi forcées de déserter les campagnes, et des déserteurs du travail qui ne sont que la queue obligée des déserteurs du luxe et du plaisir. Voilà la vérité. A ces derniers seuls la responsabilité de ce grand fléau !

Ce n'est point seulement l'ouvrier qui déserte les campagnes, cette épidémie de jouir de la civilisation citadine, avec son luxe, ses oripeaux, ses sophistes, ses théâtres, son monde et son demimonde a gagné toutes les classes.

Ses prospérités sonnent le creux; ses vertus sont stériles, tandis que ses vices fructifient au centuple; avec les fortunes que le vice dévore, avec les intelligences qui s'y consument dans le vide, les campagnes pourraient changer de face en quelques années.

« Un important problème à résoudre serait : de réconcilier toutes les classes de la société avec la vie champêtre et de vivifier les vocations aux nobles travaux des champs, vocations étouffées presque partout. Oui, au lieu de peupler les antichambres de solliciteurs, au lieu de grossir le flot toujours menaçant des déclassés, qui vont jouer, à Paris et dans les grandes villes, leur âme et leur patrimoine sur le tapis-vert des hasards de la vie, il importe de faire comprendre à nos jeunes gens que leur pays natal offre à leur activité une carrière assez honorable et assez vaste pour y attacher toutes leurs espérances. Combien de pères de famille, propriétaires, ont déploré et déploreront peut-être longtemps encore ces désolantes illusions qui les ont fait pousser leurs enfants dans les carrières industrielles ou administratives.

» Propriétaires-agriculteurs, l'avenir de nos riches contrées est entre vos mains. Faites de vos fils des agriculteurs laborieux et intelligents comme vous. Plus tard, ils auront la main dans les affaires publiques; à tous les degrés, ils siégeront dans les assemblées où se traitent les intérêts de tout ordre; et si leur pays est un des mieux cultivés, il deviendra un des plus riches et des mieux administrés du sol français, et la population rurale s'accroîtra au lieu d'émigrer (1). »

Arrivons maintenant à signaler une autre cause de cette douloureuse crise : cette cause secondaire réside dans le libre-échange. Quoique l'on en ait dit et que l'on en dise, on a pu remarquer que, dès la signature de ce traité de commerce, *toutes* les denrées agricoles qui ne pouvaient supporter la concurrence étrangère, comme prix de revient, ont vu leurs prix baisser. Ainsi, le

---

(1) *Gazette des Campagnes*. — L. Hervé.

blé (1), après une demi-récolte comme celle de 1865, n'a point vu augmenter ses cours. On dit avec raison : mais nos exportations excèdent nos importations; soit, je l'admets; mais qui donc encore fait et profite de *ce trafic*, si ce n'est l'industriel et le commerçant ! c'est-à-dire la meunerie et le négoce; car nous achetons des grains, et nous les réexpédions en farines, soit à l'Angleterre, qui produit peu de blé, soit à l'Egypte, qui ne cultive plus de coton. Il en est de même pour nos laines, qui trouvent une effrayante concurrence dans les laines de l'Australie, du Brésil, de Buenos-Ayres, de la Plata, et même de la Saxe et de la Hongrie. L'Australie seule nous envoie de 5,000 lieues plus de laine qu'il n'en pousse sur le dos de tous les moutons de la

(1) En consultant les statistiques officielles des prix du blé depuis 20 ans, je trouve qu'en 1857 l'ensemencement de blé s'élevant à 6.593,530 hectares, la récolte était de 110,426,462 hectolitres, et le prix moyen 24 fr. 37 c. l'hectolitre (avant le traité de commerce).

En 1864 : Ensemencement en blé..... 6,889,073 hectares.
Récolte .... 111,274,018 hectol.

Conséquemment, avec le régime de la loi de 1861, le prix moyen est tombé à 16 fr. 75 l'hectolitre. Donc, il résulte, des deux années précitées, où nous trouvons à peu près le même nombre d'hectares ensemencés, le même chiffre environ de récolte, une différence énorme de prix : 8 fr. par hectolitre ! Evidemment, avec une telle différence à la suite du libre-échange, il est impossible de ne point l'attribuer à la suppression des droits. Les faits parlent d'eux-mêmes.

Chacun, assurément, désire la prospérité du commerce, mais non aux dépens de l'agriculture : il faut que tout le monde vive ; mais le premier rang n'appartient-il point à l'industrie qui fait vivre toutes les autres : *l'agriculture ?* Puisse l'enquête solennelle qui est sur le point de se faire, trouver cette principale cause à tant de maux, et remédier au plus tôt à la ruine certaine et prochaine du plus noble des arts et de la mère de tous les peuples !

En France, il est parfaitement reconnu que l'on paie d'impôt 5 0/0 sur les produits agricoles; or, en demandant un droit de 5 0/0 sur les produits agricoles étrangers, soit 1 fr. 25 par quintal, on ne ferait qu'assimiler les produits étrangers aux nôtres. Ce ne serait même point un droit protecteur, mais un simple droit de stricte égalité entre la production française

France, de l'Angleterre et de l'Allemagne réunis. Les huiles minérales, le pétrole surtout, ne menacent-ils point nos cultures oléagineuses, colza, navette, etc., d'une décadence complète? Je ne veux point aller plus avant, ce sujet m'entraînerait trop loin, ces extraits doivent suffire; et j'aime mieux plutôt proposer des remèdes, qu'il importe d'appliquer au plus vite, sans quoi la dé-

---

et la production étrangère. « Les admettre *gratis*, dit avec raison M. de » Lavergne, ce serait protéger l'étranger à nos dépens. »

En attendant la grande enquête nationale, j'ai en ce moment sous les yeux le compte-rendu de l'enquête partielle faite par l'initiative du Congrès des sociétés savantes. J'en extrais seulement les deux points suivants : c'est que depuis la loi de 1861, ou de la nouvelle législation, les prix du blé ont toujours marché en sens inverse de l'abondance; en voici la preuve :

En 1863, les prix ont été de 20 fr. 25, sur une récolte de 116,781,794 hect.;
— 1864, — de 17 fr. 15, — de 111,274,018 —
— 1865, — de 16 fr. 15, — de 85,077,050 —

Donc, conclut le rapport, c'est à l'importation libre des blés étrangers qu'il faut attribuer la baisse persistante des blés français.

En effet, comment expliquer une anomalie aussi inouïe, sinon par ce fait, ou plutôt par la comparaison des importations et des exportations depuis 1861 jusqu'en 1865, qui constatent à l'heure présente un excédant de *11 millions d'hectolitres de blé importé?* Que devient, devant ces chiffres, l'excédant des exportations du dernier exercice?

Quant aux produits agricoles français autres que les céréales, amenant également la baisse, il résulte d'un tableau publié par ce rapport :

1° Que, si les exportations de 1865 dépassent celles de 1860 de la somme de 68,552,124 fr., les importations de 1865 dépassent celles de 1860 de 111,015,292 fr.;

2° Que l'excédant des importations sur les exportations, en 1865, est de 162,291,488 fr., tandis que l'excédant des importations sur les exportations, en 1860, n'était que de 119,998,320 fr.

Ce qu'il faut d'abord réclamer dans cette enquête solennelle, c'est une *juste* et *équitable* répartition des charges publiques entre les trois agents de la richesse publique : 1° l'agriculture, qui *produit* les matières *utiles*; 2° l'industrie, qui les *transforme* en objets usuels; 3° le commerce, qui les *distribue*, répartition qui est loin d'être proportionnelle actuellement.

cadence et l'abandon des campagnes seraient la triste conséquence de tout retard.

Le premier des remèdes, c'est sans contredit une réforme énergique dans nos mœurs, remède difficile, je le sais, mais cependant qui n'est point impossible. Le second palliatif consiste à diminuer le prix de revient des produits du sol, et on ne pourra y arriver qu'en faisant produire à frais égaux la plus forte somme de récoltes possible. En Champagne, il n'est point facile de changer d'assolement, on ne peut point faire d'agriculture industrielle comme dans nos départements du Nord, le sol ne le permet point; il faut d'abord, je l'ai déjà dit dans cette étude, commencer par produire de l'engrais (j'en ai indiqué les meilleurs moyens) et ensuite demander à la terre ce que comportent sa nature et sa fertilité.

Je ne dis point qu'il ne faut plus semer de céréales, je suis même très-loin d'avoir cette pensée, mais il conviendrait de restreindre ces assolements, et de les remplacer par des assoles fourragères, lesquelles, avec des racines fourragères, permettraient d'augmenter le bétail. D'après mon opinion, dans nos plaines champenoises, on ferait bien de s'adonner à l'élevage du mouton ; car, d'après les dernières statistiques, le nombre des moutons français diminue considérablement, et l'on peut augurer que ses cours seront toujours rémunérateurs. En un mot, s'il n'est point possible de faire de l'agriculure proprement dite, ni de l'agriculture industrielle, il faut faire de l'agriculture commerciale. Toutes les contrées ne le peuvent point, je le sais, mais chacune dans sa sphère doit rechercher les moyens de tirer le meilleur parti possible de sa position et de sa situation.

Un autre remède, non moins nécessaire, consiste dans la diminution des charges publiques, qui obèrent, qui frappent et qui pèsent lourdement sur la production, toujours à l'avantage de l'industrie, du commerce et du luxe enfin, comme nous l'avons vu plus haut.

Il faudrait également établir un droit de balance sur les denrées agricoles étrangères jusqu'à concurrence des nôtres, de manière à établir l'équilibre de production ; l'agriculture saurait s'en contenter.

En agissant ainsi, j'affirme qu'il ne sera nullement nécessaire d'avoir recours au crédit des sociétés agricoles ou autres, qui dans les circonstances actuelles ne peuvent qu'infailliblement amener la ruine entière soit des propriétaires, soit plus encore des fermiers; hélas ! les exemples qui en sont la preuve ne manquent point.

Je voudrais pouvoir ici balancer les comptes de production du sol français par les prix de revient, et on serait justement surpris de voir de combien le passif excède l'actif. On ne serait pas moins étonné si on voyait également le résultat des balances des comptes des productions industrielles et commerciales; là alors ce serait tout le contraire qui existerait. Nous en voyons la preuve tous les jours dans ces fortunes colossales acquises en peu d'années ! Chose que nous ne verrons jamais en agriculture.

L'emploi des instruments agricoles perfectionnés (1) à un prix abordable à la petite culture n'en est pas moins une chose vivement désirable, ainsi que la création de primes d'honneur appli-

---

(1) Les conditions essentielles de tous les instruments agricoles en général, et principalement de ceux applicables à la petite culture, se résument à deux : c'est de réunir le *bon marché* à la *simplicité*, conditions, comme on le voit, dépendantes l'une de l'autre, et dont l'application est loin d'être impossible.

D'abord, le bon marché, car il y a assurément beaucoup plus de petites bourses que de grandes ; ensuite, vient la simplicité. En effet, plus une machine est compliquée, plus son prix est élevé, sa réparation difficile et coûteuse. Il faut donc créer des instruments qu'un modeste forgeron de campagne puisse réparer, et ne point être forcé d'avoir recours à un serrurier ou mécanicien qui, résidant rarement au village, met ainsi dans l'obligation d'un déplacement, et, conséquemment, augmente de beaucoup l'entretien d'une machine.

De tous les instruments agricoles, j'en connais cependant un, mais *un seul*, qui réunit ces diverses conditions, et qui a fait ses preuves (notamment chez moi l'an dernier) ; c'est le semoir Bodin, l'habile constructeur, directeur de l'école d'Agriculture de Rennes. Là, point d'engrenages,

cables à la petite culture, qui, on le sait, est beaucoup plus considérable que la grande, création mise à l'écart dans les programmes actuels des concours régionaux. Puisque je parle des concours, je suis tout naturellement amené à signaler quelques abus, dont l'abandon présenterait des avantages incontestables. J'ai fait connaître comme une réforme utile, nécessaire, la création de petites primes d'honneur proportionnées à l'étendue des exploitations. Comme le disait dernièrement le spirituel agronome que j'ai déjà cité :

« Telle ville qui (1), à propos de son concours régional, dépense
» en fête publique *deux cent mille francs*, aurait beaucoup mieux
» encouragé, honoré l'agriculture en ajoutant à la grande prime
» officielle quatre ou cinq primes de mille ou deux mille francs
» pour les petits fermiers et métayers. »

Un autre abus, c'est de primer une tête de bétail d'une belle conformation, ou un lot de moutons choisis sur l'ensemble du troupeau, et qui ont coûté à leurs propriétaires *cinq fois* autant que le reste du même bétail, et souvent à ses dépens, car, suivant la ritournelle commune, *il a fallu les préparer*.

---

de poulie, de courroie, en un mot, d'aucune chaîne de transmission ; une légère roue motrice, reposant sur le sol, fait mouvoir un arbre sur lequel sont montées des brosses circulaires fonctionnant dans les trémies. Un disque mobile, percé de plusieurs trous de différents diamètres, donne passage aux diverses espèces de graines et règle la quantité à répandre. Plusieurs vis permettent, en outre, d'enfouir la semence plus ou moins profondément, et d'éloigner ou de rapprocher les socs rayonneurs, qui varient de trois à cinq pour un cheval.

A l'aide de ce semoir, on peut semer de *deux à trois* hectares par jour, et opérer *très-régulièrement*.

Les conditions générales de tout semoir sont de pouvoir *semer par tous les temps*, *d'abréger* le travail de beaucoup, et *d'économiser un tiers au moins* de la semence.

Ce qui fait le mérite des machines agricoles de M. Bodin, c'est que toutes sont essayées dans sa ferme-école avant d'être livrées aux cultivateurs.

(1) La ville du Mans.

Je le demande : Ne serait-il point préférable d'attribuer la récompense à l'ensemble d'une belle bergerie ou d'une vacherie bien tenue sous le rapport de l'état ou de l'hygiène? De cette manière, on agirait toujours dans l'intérêt de la justice, comme on entrerait mieux dans la haute pensée qui créa les concours régionaux, moyen qui seul pourrait témoigner de la progression réelle de l'agriculture.

DE LA PLUIE ET DU BEAU TEMPS!

De la pluie et du beau temps! allez-vous vous exclamer, lecteurs. Vous êtes donc élève ou émule du célèbre et plus ou moins véridique Mathieu (de la Drôme)?

Je n'ai ni cette prétention, ni cet honneur.

Mais ceci n'empêche nullement, il me semble, que je vous parle aussi de la pluie et du beau temps.

Autrefois, les habitants de la campagne passaient pour être superstitieux, ignorants; il est vrai qu'ils étaient moins instruits généralement qu'aujourd'hui, mais il est un fait qu'il faut bien reconnaître, c'est qu'en fait de remarques astrologiques, les campagnards, par leur position, leur vie champêtre, sont à même d'en savoir beaucoup plus à ce sujet que certains villageois ou citadins qui traitent souvent des observations bien naturelles de crédulités, de superstitions.

Ainsi, dans sa contrée, même dans une région assez étendue, il n'est guère de cultivateur qui, en voyant la disposition des nuages par rapport au lever et au coucher du soleil et de la lune, combinés avec les directions des vents, ne vous prédise la pluie au moins *trois jours à l'avance*, et cela avec la même exactitude, si ce n'est plus grande, que le baromètre le plus précis. Il en est de même pour le beau temps. Ainsi, tel laboureur vous dira, par exemple, en voyant tomber la pluie du Nord : en voilà pour trois jours, c'est-à-dire que, sans pleuvoir continuellement, cette pluie tiendra pendant trois jours. Je passe pour être bref sur bon nombre d'observations, pour arriver à la remarque principale sur laquelle j'appelle vivement l'attention. Cette observation traditionnelle se conserve et se transmet pieusement. La voici : « *de la di-* » *rection du vent le jour de la Toussaint dépend sa direction la* » *plus grande partie de l'année.* »

Cette observation est pieuse, juste et utile.

Pieuse, parce qu'elle a son origine dans l'office de ce jour (1).

Juste, parce qu'elle n'a jamais failli.

Utile, ah ! oui, utile ! surtout pour l'agriculture ; car l'agriculteur qui l'aura faite pourra fixer ses assolements en conséquence.

En effet, le vent du nord est toujours suivi de sécheresse ; les vents du midi, d'est et d'ouest amènent toujours de la pluie.

Citons quelques preuves à l'appui.

Pour ne point fatiguer la mémoire de nos lecteurs, jetons ensemble un coup-d'œil rétrospectif sur les deux ou trois dernières années.

Si nous remontons à la Toussaint de 1863, nous remarquons un vent du nord qui nous amena un été très-sec. Un an plus tard, nous observons aussi, à la Toussaint de 1864, un vent nord-est (2), et, certes, l'année 1865 comptera parmi les années de grande sécheresse, qui causa, dans certaines contrées, hélas ! tant de privations et de souffrances à l'agriculture.

Ainsi que l'on a pu le voir cette année, ce sont les vents d'*est et de sud-ouest* qui ont régné ce *jour*, vents qui doivent nous amener une année humide, giboulense.

Le temps qui s'est écoulé depuis la Toussaint 1865 n'a-t-il point donné raison et ne témoigne-t-il point encore en faveur de cette remarque ? D'après les observations météorologiques de cette

---

(1) En effet, nous lisons dans cet office : Dieu commanda aux *quatre anges* placés aux *quatre vents* de ne frapper la terre, la mer, etc....

(2) Du moins depuis la Toussaint 1865 jusqu'au 1er mars 1866, époque à laquelle ces lignes ont été écrites.

année, on a pu voir que le vent n'avait presque point quitté l'est et le sud-ouest; lorsqu'il passait au nord, ce n'était que pour quelques heures.

Ah! réglons donc nos assolements en conséquence! Toutes les plantes ont nécessairement besoin d'eau et de soleil pour croître, mais parmi elles il en est auxquelles la grande quantité d'eau est utile, d'autres auxquelles elle est nuisible; semons donc cette année peu de celles-ci et beaucoup de celles-là. Je n'ai point à les énumérer ici; ce sujet m'entraînerait trop loin, je recommanderai seulement de faire beaucoup de prairies artificielles, et surtout la culture des racines fourragères et légumineuses, qui en tout temps sont toujours d'un grand profit, mais principalement dans les années de disette; et c'est particulièrement dans les circonstances actuelles du malaise agricole au milieu duquel nous vivons et nous vivrons qu'il faut réagir et abandonner l'ancien système. En somme, personne n'ignore qu'une année pluvieuse double et triple le rapport de ces cultures.

A nos lecteurs d'agir!

TABLE DES MATIÈRES.

Châlons, imp. T. Martin.

www.ingramcontent.com/pod-product-compliance
Ingram Content Group UK Ltd.
Pitfield, Milton Keynes, MK11 3LW, UK
UKHW021655260726
13994UKWH00003B/1475